动物园里的朋友们

（第二辑）

我是蛇

［俄］安·马卡列维奇 / 文

［俄］阿·斯·波德戈尔诺娃 / 图

刘昱 / 译

江西美术出版社

全国百佳出版单位

我是谁？

来，让我们认识一下。放下你的棍子，靠近一点儿，你不挑衅，我不会伤害你的！我们蛇发出的声音很小，在你们人类听来，只是咝咝作响。

你别跑呀！

我们大部分都是没有毒的。看到我头上的两个黄色的斑点了吗？即使最糊涂的人看见了都知道，我是没有毒的！你明白了吗？还不太明白？

我叫游蛇。虽然不是很好听，但有什么办法呢？妹妹的名字更不好听，她叫作蝮蛇（蝮蛇，这个词还常常被用来形容讨人厌的、心肠狠毒的人）。蝮蛇的嘴里有两颗小小的毒牙，可以帮助她抓到老鼠。

当你捕捉蜜蜂和野蜂时，他们会蜇你。我们也一样，所以不要捕抓我们。为什么要捕抓我们呢？

特别长的游蛇的长度和人类的身高差不多

最短的蛇——钩盲蛇，身长大约10厘米，和半根铅笔的长度差不多。

地球上约有**3000**多种蛇。

我们的居住地

　　蛇的数量非常多。我们住在世界的各个角落，除了南极洲，因为那里太冷了。如果我们住在那儿，就只能一直酣睡，因为我们没有厚厚的毛来抵御严寒。不过，在其他地区我们能够愉快地生活。蛇的种类有几千种——光海蛇就有50多种。

新西兰和一
些岛屿上

海蛇像我们一样呼吸空气，但在水里可以长时间屏住呼吸，游泳很棒，而且可以潜到很深的水底。他们毒性很强，但你不要害怕——他们只捕鱼。

巴巴多斯生活着一种卡拉细盲蛇，身长不超过 10 厘米——是不是很好笑？

在南美洲生活着一种巨型蛇，他们的名字很美，叫作森蚺。这种蟒蛇很长——一般为 6~8 米，有的长达 12 米。

幼蛇一年蜕皮 **4** 次。

奢华的蛇皮

牛奶蛇

牛奶蛇

网斑蟒

玉米锦蛇

黑斑蛇

波利尼西亚
树眼镜蛇

黑斑蛇

我们的皮肤

我们成长期间会蜕皮。外皮渐渐变紧，失去光泽，等外皮裂开后，我们从里面爬出来，就像从长筒袜里爬出来一样。

外皮下面是崭新的皮肤，覆盖着鳞片，亮晶晶的，非常漂亮！真开心！

那些从来没有见过我们的人经常说我们滑溜溜的、冷冰冰的，惹人厌。好吧，我可以让你们摸一摸我的鳞片。很讨厌吗？它们摸起来比天鹅绒还舒服！我的背部和身体两侧呈暗黑色，肚子上有一个个亮闪闪的灰白色圆圈，后脑勺上有两个明亮的橙色的斑点，就像金色的王冠。我的哥哥水游蛇看起来有点儿不太一样——他的后脑勺上没有橙色的斑点，背部也不是黑色，而是灰绿色的，上面有美丽的深色花纹，看起来和蝰蛇很像，常被误认为是蝰蛇。千万不要去捕捉他，他可不喜欢被别人捕捉。谁会喜欢别人捕捉自己呢！别摸啦，够了。谢谢！

海蛇的鳞片和蜂窝的形状很像。

独家蛇皮

草里的蛇

如果太冷或太热，蛇是不会生长的。

我们的体温

现在说说"寒冷"。你身体的温度一直很稳定,我连你的体温正常是 36.6℃ 都知道,对吗?因为我们很聪明!你是恒温动物,所以有时感到热,有时感到冷。发烧时,你的体温上升,会让你感觉难受极了,不断用体温计量体温。而蛇没有恒定的体温!我们的体温随着周围环境温度的变化而变化!阳光照耀时,我们的体温升高,凉爽的夜晚来临的,我们的身体就变得凉凉的。这样方便极了!小朋友,如果你只穿着背心和短裤坐在冰箱里或是坐在寒风中,会怎么样呢?你肯定会感冒或者得肺炎。而这种情况下我只会身体变凉,进入睡眠状态,直到天气变暖再醒过来。你不信?我们就是这样过冬的!当然,不是在冰箱里,而是在树叶覆盖的洞里,树叶上有厚厚的积雪。我们整个冬天都不需要吃东西!你能整个冬天都不吃东西吗?谁比我们更聪明?

在寒冷的气候条件下,蛇可以在

2~15℃ 的洞内

睡一整个冬天。

我们怎么爬行？

　　我们会爬！没有手，没有腿，怎么爬？你在客厅里的地毯上试一试？别试了，你肯定不会。

　　我可以在非常光滑的物体表面上爬行——你可以把我放在玻璃上试一试。我是怎么做到的？难道我是自然之王？我就像水流一样流过。这不算什么，我的一位来自亚洲的远房亲戚还会"飞"呢！他叫飞蛇！你不信？他住在树上，利用空气流离开树枝，可以飞百米远！飞蛇并没有翅膀。想象一下，如果你没有手，也没有腿，你怎样翻书、写字、画画及玩你最喜欢的计算机游戏？难道用鼻子敲键盘吗？

蛇类平均的爬行速度是 **6** 千米／小时，相当于人类快步走的速度。

我们的感官

说到鼻子……人类用鼻子闻气味，而我们用舌头感知气味！我们还有人类没有的器官。这个器官可以在黑暗中"看到"温度。人们管它叫作"红外线"。不过我们看到的可不是红色的线，而是有温度的物体发出的亮光。很多蛇都在夜间捕猎，这个器官帮了我们大忙。你想要这样的器官吗？

我们听力很棒！比你的听力好多了！但是我们没有耳朵！你是不是又吃了一惊？我们不是用耳朵听，而是用整个身体"听"——所有移动的东西都会引起振动，只不过很微弱，你在日常生活中感觉不到。但我们能够感知地球上最微弱的振动（如能感知老鼠在走路），而且我们不需要洗耳朵。是不是很棒？

我们的眼睛不太好，我们能够看到移动的物体，但静止的……一般来说，看不太清。传说中我们能用眼睛催眠猎物，也就是说，让猎物原地倒下。事实上，一切正相反。比如，青蛙活蹦乱跳时，我们看得很清楚，如果他们一动不动，我们就根本看不到。不过，也不可能一直不动，对吧？

白天活动的蛇，瞳孔为圆形；夜间活动的蛇，瞳孔为裂孔形。

我们的食物

我吃什么？一切移动的动物！还有一些不动的——我们是食肉动物，重要的是，我们的嘴巴能装下猎物。啊呜，我们吞下猎物，然后休息。有时休息一个星期，有时休息的时间更长。我们并不贪心，吃对我们来说不那么重要。

我喜欢吃青蛙、老鼠、蠕虫。我的妹妹只吃贝类。有的蛇喜欢吃蜘蛛和毛毛虫，有的蛇特别喜欢吃蚂蚁，有的蛇喜欢吃白蚁，有的蛇只吃鸟蛋。有的蛇体型大，捕的猎物也大，如蟒蛇——他们渐渐长大，吞掉任何能吞下的东西：一只兔子或者一只豹子。森蚺可以吞下一整头鹿，和鳄鱼有一拼。

游蛇一次可以吃 **8** 只青蛙。

蛇不会咀嚼，只会整个儿吞下食物。

蟒蛇可以连续 **6** 个月不吃东西。

我们睡觉的地方

我们睡觉的地方没什么特殊的：有时爬到石头下，有时躺在树桩下，有时钻进洞里，幸运的话，有时会找到一个空洞穴钻进去。最简单的方法是爬到树上，钻到树洞里或者缠在树枝上……太舒服了！我们蛇不需要特别舒适的地方，哪里都不错。

一些聪明的蛇学会了挖洞——没错，虽然我们没有爪子，但这并不意味着我们不能挖洞。我们能挖，而且速度很快！有的钻进森林里的枯树叶中，有的在沙子里挖洞，有的在地上挖洞，非常安全。有时我们会去人类的家里做客，爬进他们的地下室或凉爽的浴室里，刚刚睡着，就有人来了，跑来跑去，大声尖叫："救命，有大毒蛇，救救我！"你还怎么睡得着呢？看来你们人类不是很好客……

蛇可以连续睡 **3** 年不醒。

我们的蛇宝宝

大地回春，我们渐渐苏醒，和家人团聚在一起。是时候考虑繁衍后代的事儿了。我们需要找到一个舒适、温暖且隐蔽的地方，在那里下蛋。没错，我们像鸟类一样下蛋。听说我们这个庞大的家族中还有卵胎生蛇，但我跟他们不熟，可能他们住在离我很远的地方。

我们游蛇不需要孵蛋，但是蟒蛇和眼镜蛇必须保护蛇蛋——他们周围的很多动物都对这些蛋垂涎三尺。

夏天来了，小游蛇一条接一条地破壳而出。小游蛇漂亮极了——细细的、小小的，优雅、灵活，头上已经有黄色的斑点了。他们必须非常小心，因为刚出生的游蛇和蠕虫差不多大，很容易成为乌鸦和小鸟的盘中餐。幸运的是，我们游蛇长得很快。

平均来说，一条蛇一年产一次卵，一次能产下大约 **10** 枚卵。

我们的天敌

自然界中，有一些动物以另外一些动物为食——你没有注意到？当你很小的时候，有人告诉你，这是因为一些动物很善良，另一些动物很邪恶。你应该还听过许许多多类似的童话故事。现在你已经长大了，应该知道这完全是胡说八道。

自然界中没有善良和邪恶——只有人类才有善恶之分。大自然是很聪明的，它遵循的是生态平衡。当人类认定他们比大自然聪明，开始干扰其秩序时，不幸就发生了。

比如，刺猬可以轻轻松松地吃掉我。没错，就是可爱有趣的刺猬。他们不善良也不邪恶——大自然将他创造成这样。别那么惊讶！如果不小心遇见刺猬，怎么办？飞快地逃跑。一位聪明的科学家将这一现象称为自然选择，他的名字叫达尔文。

很多鸟类是蛇的天敌。

蛇最大的敌人是人。

我们和人类

蛇的历史比人类久远得多。几千万年前，哪有什么人类！大象、鹿、老虎、猫、狼、野兔、狗和其他许多你认识的地球上的动物都还没有出现时，我们蛇就已经出现了。我们记得古老的热带森林和巨大的恐龙。后来，进化开始了（这也是你们聪明的科学家发现的），出现了野兽、鸟类，最后才是你们人类。这几千万年来，我们甚至没有改变过。你知道这是为什么吗？因为我们已经十分完美了，没有什么需要改变的。我们和其他种类的动物可不一样——算了算了，不能嘲笑别人。

在印度，杀死我们蛇类是被禁止的，也不能用棍子打我们——必须尊重我们。因为对于印度教徒来说，蛇是智慧的象征。

印度教徒们甚至对着眼镜蛇鞠躬。眼镜蛇有剧毒，比蝮蛇还厉害，但教徒们仍然爱戴和尊敬他们。也许他们教会了你们人类什么。

以前，人们称蛇为"屋龙"，因为蛇可以捕杀老鼠，保护粮食。

马来西亚有一座蛇庙，那里居住着许多蛇。

你知道吗？

蛇的祖先和蜥蜴很像。

动物学家将目前已知最大的蛇称为"泰坦巨蟒"。这是一种远古蟒蛇，重约 1 吨，长可达 14 米。如果它竖直站立，会比现在 4 层楼房还高。

现在，世界上最长的蛇是网纹蟒，

雌性网纹蟒可长到 10 米左右。

近 100 年来，人们发现的最长的蛇身长 14.85 米。显然，这条蛇的岁数很大了，因为蛇一生都在生长，所以蛇越长表明它的岁数越大。

亚马孙森蚺是现存蛇类中最重的，

体重可达 200 多千克。

最大的毒蛇——眼镜王蛇，

能长到 5 米！

其实，毒蛇根本不想咬人。它们非常不想咬人，不想浪费毒液，因为毒液用完了还得重新积攒！因此，一开始它们会用友好的方式进行谈判，比如用咝咝声和其他可怕的声音吓唬敌人。眼镜王蛇有时会发出巨大的声响，婆罗洲的无毒蓝色游蛇发出的声响和狼嚎很像。

一些蛇会摇晃尾巴，一些蛇会直起身子，

另一些蛇会假装攻击，还有一些蛇会藏起来，

借助皮肤的颜色来掩护自己。

只有无计可施，或者有动物想要偷蛇卵时，蛇才会咬人。这很正常，未来的孩子必须受到保护！

世界上最毒的蛇是贝尔彻海蛇。

幸运的是，它们住在东南亚和澳大利亚北部，离我们很远。而且，它们的性格很温和，不会轻易咬人。

一些蛇完全没有毒，

只是装作有毒的样子。

比如，某些种类的王蛇和珊瑚毒蛇身上的花纹很像，我们至今无法区分它们。蛇类还有其他的把戏。比如，环颈蛇如果遇到危险就会把红色或黄色的明亮腹部亮出来，以警示敌人。射毒眼镜蛇会装死，仰面躺着，嘴巴张大，甚至散发出难闻的气味。

橡皮蟒的头部和尾部看起来一样。

这也是一种诡计，敌人进攻时，

橡皮蟒会把尾巴伸向敌人！

但这并不是最令人惊奇的，还有一些蛇的尾巴更奇特。在伊朗发现的蛛尾拟角蝰的尾巴形似一只蜘蛛。蛇扭动尾巴时，"蜘蛛"也在动，粗心的鸟儿看见了，想要啄蜘蛛，拟角蝰就张开了嘴巴——抓住鸟儿了！

蛇的嘴巴可以张开到 **180** 度，也就是说，可以完全张开，就像打开盖子的盒子一样。

你看蛇多么聪明。而且它们还很漂亮——别害怕，一起来欣赏一下吧。北方的蛇通常穿着比较朴素——灰色、黑色、褐色，而来自热带地区的蛇却打扮得光鲜亮丽，从很远的地方就能看见它们。不过在颜色丰富的雨林中，鲜艳的色彩才是最好的伪装。

大多数蟒蛇的颜色像落在地上的枯树叶——

即使从旁边路过也不会被注意到！

但有时鲜艳的颜色不是伪装，而是警告，以便从很远的地方就可以被看出：这条蛇是有毒的！也有一些眼镜蛇（还有无毒但是很狡猾的王蛇）身上长有黑、黄、红色的条纹，即使在色彩缤纷的热带雨林中也很难发现它们！

水蛇色彩也很鲜艳——也许这能帮助它们

更好地在珊瑚和热带水草中藏身。

人们一直害怕蛇，不想生活在它们身边。一次，某个村庄的村民决定消灭附近所有的蛇。蛇都被消灭了，结果呢？老鼠称霸王。从前蛇追老鼠，但现在呢？光有猫可不够，放肆的老鼠把所有粮食都吃完了！人类真愚蠢，不是吗？

人们不只害怕蛇，他们还不能理解蛇，
因此杜撰了很多无稽之谈。

在印度的一些地方，当地居民相信：如果太阳落山后说出"蛇"这个字，那么蛇将会前来，把所有的人都咬伤。因此，晚上他们将蛇称为"绳索""爬行者"或"那个长东西"。真有趣，当他们需要说真正的绳索时该怎么办呢？

而且，他们认为口哨声会招来蛇，
所以当地严禁吹口哨！

人们崇拜危险且难以理解的蛇。印度教徒特别崇拜眼镜王蛇，七头蛇的形象经常出现在他们的绘画中。尽管现实生活中没有七头蛇，那又怎样？即使平时有条一个头的蛇爬进寺庙里，印度教徒也会欣喜若狂，认为这是一个美好的预兆。

有些地方人们十分崇拜蛇，还为蛇建立了专门的寺庙，
蛇可以在那里过着无忧无虑的幸福生活。

蛇在非洲、美洲、亚洲和欧洲都备受尊敬——总而言之，无论它们在哪里，都会受到极大的尊敬。这要归功于人类想象中它们拥有超自然的能力！美洲印第安人认为蛇会引发雷电，带来雨水。德国人认为，如果蛇在他们家里定居，会是财富和好运的象征。

古希腊人认为蛇是最聪明的，

女神雅典娜和蛇是好朋友。

只有受过教育的古希腊人知道蛇毒可以用作药物。因此，古希腊神话中医神的权杖上缠绕着蛇。而且，缠在杯子上的蛇这一形象成了药房的标志。

蛇被用来装饰古代埃及法老的王冠，

当然这不是真正的蛇，而是用金子做蛇身，

用红宝石或祖母绿做眼睛的饰品。

如果你看见蛇后不再胡思乱想、浑身颤抖，那么你就很有可能与它们交上朋友。很久以前，古希腊人和古罗马人就想驯服艾斯库拉普蛇，让它们和人类居住在同一屋檐下，帮助人类捉老鼠。在爱沙尼亚，很多村庄都养游蛇，人们相信游蛇会把蝮蛇从房子里赶走。

波兰人相信游蛇可以保护家里的牲畜

不被坏人伤害。塞尔维亚人认为游蛇可以

保护葡萄园不受冰雹侵袭。

在北方有些地区，人们相信，蛇的唾液可以让人们听到小草生长的声音，听懂动物的语言。但首先必须要和蛇做朋友，这样它们才愿意分给你唾液！

教蛇拿拖鞋或者接电话是不可能的，它们很难训练。

但这不是因为它们愚蠢，只不过它们和狗完全不同，蛇对执行命令不感兴趣。印度人认为眼镜蛇是最聪明的蛇，他们相信，眼镜蛇永远不会咬自己的主人！

印度经常举行眼镜蛇跑步比赛，

比一比它们的奔跑速度，也就是爬行速度。

眼镜蛇经常随着卖艺者的笛声跳舞。事实上，它们对音乐完全不感兴趣，而是对摇晃很感兴趣。眼镜蛇观察、重复所有动作，不让人从自己的视线中消失。然而看起来，蛇就像是被卖艺者的音乐催眠了。

印度蟒和非洲岩蟒最容易被驯服。

它们的脾气较为平和，很快就能和主人熟络起来，允许主人对自己做很多事情！它们经常出现在各种各样的电视节目里。但它们的亲戚，缅甸蟒和世界上最长的蛇——网纹蟒，则脾气暴躁、喜欢咬人，人类没有办法和它们交朋友。

最好在大自然中和蛇交朋友，

你会发现，它们真的很美！

如果你在某个地方见到我——
不要害怕，不要抓我，不要欺负我！
安静，别动，我会自己爬走的。

再见！我们还会再见的！

动物园里的朋友们

本套书共三辑，每辑 10 册，共 30 册。明星作者以第一人称讲故事的形式，展现每个动物最与众不同、最神奇可爱的一面，介绍了每种动物的种类、生活环境、形态特征、生活习性等各方面。让孩子们足不出户也能了解新奇有趣的动物知识。

第一辑（共 10 册）

第二辑（共 10 册）

第三辑（共 10 册）

图书在版编目（CIP）数据

　　动物园里的朋友们. 第二辑. 我是蛇 ／（俄罗斯）安·
马卡列维奇文；刘昱译. -- 南昌：江西美术出版社，
2020.11
　　ISBN 978-7-5480-7514-1

　　Ⅰ. ①动… Ⅱ. ①安… ②刘… Ⅲ. ①动物－儿童读
物②蛇－儿童读物 Ⅳ. ①Q95-49

　　中国版本图书馆CIP数据核字(2020)第067742号

版权合同登记号 14-2020-0157

Я змея
© Makarevich A., text, 2016
© Podgornova A. S., illustrations, 2016
© Publisher Georgy Gupalo, design, 2016
© OOO Alpina Publisher, 2016
The author of idea and project manager Georgy Gupalo
Simplified Chinese copyright © 2020 by Beijing Balala Culture Development Co., Ltd.
The simplified Chinese translation rights arranged through Rightol Media (本书中文简体版权经由锐拓
传媒旗下小锐取得Email:copyright@rightol.com)

出 品 人：周建森
企　　划：北京江美长风文化传播有限公司
策　　划：巴拉拉
责任编辑：楚天顺 朱鲁巍
特约编辑：石　颖 吴　迪 王　毅
美术编辑：童　磊 周伶俐
责任印制：谭　勋

动物园里的朋友们（第二辑） 我是蛇

DONGWUYUAN LI DE PENGYOUMEN (DI ER JI) WO SHI SHE

[俄] 安·马卡列维奇 / 文　[俄] 阿·斯·波德戈尔诺娃 / 图　刘昱 / 译

出　　版：江西美术出版社
地　　址：江西省南昌市子安路 66 号
网　　址：www.jxfinearts.com
电子信箱：jxms163@163.com
电　　话：0791-86566274 010-82093785
发　　行：010-64926438
邮　　编：330025
经　　销：全国新华书店

印　　刷：北京宝丰印刷有限公司
版　　次：2020 年 11 月第 1 版
印　　次：2020 年 11 月第 1 次印刷
开　　本：889mm×1194mm 1/16
总 印 张：20
ISBN 978-7-5480-7514-1
定　　价：168.00 元（全 10 册）